Schriftenreihe des
Österreichischen Wasserwirtschaftsverbandes
Heft 11

Die Zukunft der Wasserversorgung der Stadt Wien

Von

Dipl.-Ing. Anton Steinwender
Wien

Mit 8 Textabbildungen

Wien
Springer-Verlag
1948

Inhaltsverzeichnis.

Seite
I. Die gegenwärtige Wasserversorgung Wiens 3
II. Allgemeine Betrachtungen zur Planung 20
III. Zukünftiger Ausbau 27

Sonderabdruck aus der Zeitschrift des Österreichischen Ingenieur- und Architekten-Vereines, Heft 3/4, 1948.

ISBN 978-3-211-80071-3   ISBN 978-3-7091-5518-9 (eBook)
DOI 10.1007/978-3-7091-5518-9

I. Die gegenwärtige Wasserversorgung Wiens.

Als im Jahre 1945, wenige Wochen nach Kriegsende, die Enquete für den Wiederaufbau der Stadt Wien zusammentrat, wurden in einem eigenen Unterausschuß auch die Aufgaben für den Wiederaufbau der Wasserversorgung beraten. Die Sofortmaßnahmen, die in der Hauptsache in der Beseitigung der Kriegsschäden bestanden, sind beendet, an der Bekämpfung der Wasserverluste wird noch gearbeitet, der Weiterausbau und die Planung für die Zukunft sind in vollem Gange.

Die Wassernot der vergangenen zwei Jahre infolge einer Trockenheit, wie sie seit Bestehen der beiden Hochquellenleitungen nicht aufgetreten ist, schließlich das zeitbedingte Ansteigen des Wasserverbrauches haben die Wiener Wasserversorgung zunehmend in das Blickfeld des öffentlichen Interesses gerückt.

Die Gemeinde Wien hat im Gegensatz zu den meisten anderen Großstädten die Wasserversorgung als Aufgabe der Hoheitsverwaltung und nicht als Aufgabe einer städtischen Unternehmung angesehen und damit betont, daß die Wasserversorgung eine Sache der Volkswohlfahrt ist und nichts mit einem gewerblichen Betrieb zu tun hat.

Bis zum Jahre 1938 bestand die Wasserversorgung Wiens aus folgenden Anlagen (siehe Abb. 1):

1. Der Ersten Wiener Hochquellenleitung aus dem Rax- und Schneeberggebiet, die einerseits Wasser aus mehr oder minder ergiebigen

Quellen bezieht, wovon die Kaiserbrunnquelle, die Stixensteinerquelle, die Höllentalquellen, die Fuchspaßquelle und die Wasseralmquelle die größten darstellen, in welche aber anderseits auch Grundwasser eingeleitet wird, das durch Pumpwerke gehoben werden muß. Es sind dies die Schöpfwerke in Pottschach und Matzendorf. Die Leistungsfähigkeit beträgt im Maximum 150000 m^3/Tag, die Lieferung sinkt aber bis auf 75000 m^3/Tag. Die Ursache liegt im Nachlassen der Quellschüttungen im Hochsommer und bei Frost und im Nachlassen der Leistung der Grundwasserwerke.

2. **Der Zweiten Wiener Hochquellenleitung** aus dem Hochschwabgebiet, die ihr Wasser aus den Quellen in Brunngraben bei Gußwerk, den Höllbach- und Kläfferquellen bei Weichselboden und den Siebensee- und Schreyerquellen bei Wildalpen bekommt. Außerdem treten im Stollen durch die Göstlinger Alpen noch Zusitzwässer hinzu. Die Zweite Hochquellenleitung zeichnet sich dadurch aus, daß sie von April bis Dezember ihre volle Leistungsfähigkeit, das sind rund 220000 m^3/Tag, hat. Nur im katastrophalen Trockenjahr 1947 hat sie bereits im September in ihrer Leistung nachgelassen. Die Leistung geht jedoch auch bei Frost im Winter zurück und dieser Rückgang betrug im kalten Winter 1928/1929 60000 m^3/Tag, im vergangenen Winter 1946/1947 sogar 70000 m^3/Tag. Nach dem ersten Auftreten eines so bedeutenden Rückganges von mehr als einem Viertel der Gesamtleistung wurde im Quellengebiet die Seisensteinquelle mit 10000 m^3/Tag gefaßt, deren Wasser jedoch in die Hauptleitung gepumpt werden muß. In diesem Gebiete sind alle Quellen, welche durch natürliches Gefälle der Hauptleitung zugeführt werden können, bereits gefaßt und alle zusätzlichen Quellfassungen bedingen eine künstliche Hebung des Wassers.

3. Außer den beiden Hochquellenleitungen stand vor 1938 für Wien noch als Nutzwasserleitung die Wientalwasserleitung zur Verfügung. Ihre Leistung beträgt jedoch nur 10 000 m³/Tag, also nur ein Dreißigstel der mittleren Leistung der Hochquellenleitungen. Sie dient zur Versorgung der Großbahnhöfe, Bäder, Wäschereien und für sonstige Nutzzwecke, wie Straßenbesprengung u. a. m. Ihr Wasser muß jedoch durch Filterung und Chlorierung so behandelt werden, daß es hygienisch einwandfrei ist. Die Verteilung erfolgt in einem eigenen Nutzwasserrohrnetz.

In Wien selbst befinden sich die Verteilungsanlagen (siehe Abb. 2), die in der Hauptsache aus 21 Behältern mit zusammen 500 000 m³ Inhalt, was dem eineinhalbfachen Tagesverbrauch entspricht, aus einem Rohrnetz von rund 2000 km Länge und 70 000 Abzweigleitungen mit Wassermessern zu den Wasserabnehmern in den Wohnhäusern, Anstalten und Betrieben bestehen.

Im Kriege mußten für die Wiener Wasserversorgung Maßnahmen durchgeführt werden, die teilweise auch der weiteren friedensmäßigen Verwendung zugeführt werden konnten. Die Sorge, daß bei Beschädigungen durch Kriegseinwirkung eine der beiden Hochquellenleitungen längere Zeit nicht in der Lage sein würde, die Wasserversorgung Wiens sicherzustellen (z. B. bei Zerstörung von Aquädukten usw.), führte dazu, daß in Wien selbst Grundwasserwerke und Hebewerke geschaffen wurden, und zwar die Grundwasserwerke in Nußdorf, im Wasserpark und in der Rustenschacherallee mit einer Leistungsfähigkeit von insgesamt 50 000 m³ im Tag. Obwohl die Grundwasseruntersuchungen in hygienischer Beziehung günstige Resultate ergeben haben, hat das Gesundheitsamt aus Sicherheitsgründen die Chlorierung dieses Wassers vorgeschrieben. Hebewerke wurden bei den Behältern

Laaerberg, Hungerberg und Breitensee errichtet. Sie haben den Zweck, besonders bei Ausfall der Zweiten Hochquellenleitung das Wasser der Grundwasserwerke auch in die höher gelegenen Behälter weiter zu pumpen.

Im Quellgebiet der Ersten Hochquellenleitung wurde ferner eine Quellbachfassung mit Filterung und Chlorierung eingerichtet, um bei Ausfall der Zweiten Hochquellenleitung wenigstens von der Ersten Hochquellenleitung möglichst viel Wasser nach Wien bringen zu können.

Da in Wien außer den öffentlichen Wasserversorgungsanlagen auch noch private Wasserversorgungsanlagen der Industrie mit einer Leistungsfähigkeit von zusammen 250 000 m^3/Tag vorhanden sind, wurden diese in hygienischer Beziehung untersucht und, da bei 23 größeren Anlagen hygienisch einwandfreies Wasser festgestellt werden konnte, Vorsorge getroffen, im Bedarfsfalle von diesen Anlagen Wasser in das öffentliche Rohrnetz einzuleiten.

Es muß gesagt werden, daß diese Maßnahmen im Gegensatz zu anderen größeren Städten möglich waren, weil in Wien von jeher der Standpunkt vertreten wurde, daß sich die Industrie mit eigenen Wasserversorgungsanlagen versehen solle und die Hochquellenleitung in erster Linie als Trinkwasserversorgung zu gelten hat, während in anderen Städten alles an die Trinkwasserleitung angeschlossen ist, vielleicht weil keine andere Möglichkeit besteht, vielleicht auch, weil anderswo kein Trinkwasser von so weltberühmter Qualität wie jenes des Wiener Hochquellenwassers zur Verfügung steht und die Wasserversorgung nicht nur als eine notwendige hygienische Einrichtung, sondern oft gleichzeitig auch als ein Geschäft betrachtet wird. Diesen Verbindungen mit Industriewasserwerken ist es zu danken gewesen — worauf besonders hingewiesen werden muß — daß es nach den Kampftagen möglich war, trotz der zerstörten Donaubrücken das Gebiet jenseits der Donau durch diese bereits vorbereiteten Anschlüsse aus den Industriewasserwerken zu versorgen und auf diese Weise Seuchen zu verhüten. Heute sind die meisten wieder der friedensmäßigen Verwendung zurückgegeben und nur einige besonders leistungsfähige Anlagen mit einwandfreiem Wasser, und zwar die Wasserversorgungsanlagen der Vereinigten Seidenfärbereien im 22. Bezirk und der Schwechater Brauerei sind für den Spitzenbedarf mit 12 000 m^3/Tag weiterhin verwendungsbereit. Das Wasser dieser Anlagen wird, wie überhaupt das gesamte in Wien verwendete Wasser, nicht nur an den Wassergewinnungsstellen, sondern auch in den Behältern und an vielen Stellen des Rohrnetzes regelmäßig untersucht.

Derzeit wird das gesamte in Wien zur Verteilung kommende Wasser, also auch das Hochquellenwasser, der Chlorierung unterzogen; es ist dies eine Sicherheitsmaßnahme, die von den Besatzungsmächten vorgeschrieben wurde und von diesen auch dauernd kontrolliert wird. Die Betriebssicherheit ist anderseits heute noch keineswegs so wie im Frieden. Das Betriebstelephon weist noch immer beträchtliche Mängel auf, der Verkehr mit den öffentlichen Verkehrsmitteln ist noch weit von normalen Verhältnissen entfernt, der Einsatz eigener Fahrbetriebsmittel beschränkt, mithin die Kontrolle der Wasserleitungseinrichtungen, besonders auf den langen Außenstrecken und den weit entfernten Quellgebieten, noch immer beträchtlich erschwert. Es ist jedoch die feste Absicht der Stadtverwaltung, bei Wiedereintritt wirklich friedensmäßiger Verhältnisse die Chlorierung abzubauen und wieder zum köstlichen naturbelassenen Hochquellenwasser zurückzukehren.

Für die Löschwasserversorgung wurden im

Kriege teilweise Löschteiche, unterirdische Zisternen und sogenannte Feuerlöschbrunnen angelegt. Die Löschteiche wurden aufgegeben, die unterirdischen Zisternen zum Teil aufgelassen, zum Teil anderen Zwecken, als Kellerlagerräume usw., zugeführt oder als Löschwasserzisternen in dicht verbauten Gebieten belassen. Die Feuerlöschbrunnen sollen als zusätzliche Löschwasserversorgung noch entsprechend verbessert und auch für Zwecke der Straßenbesprengung und Kanalspülung nutzbar gemacht und so zur Entlastung der Trinkwasserversorgung herangezogen werden.

Die ersten Arbeiten nach dem Kriege betrafen die Beseitigung der Kriegsschäden. Etwa 3500 Schadensstellen im Rohrnetz, die 35 km Rohrlänge ausmachen, sieben schwere Schäden an den Zuleitungen der beiden Hochquellenleitungen mit insgesamt 100 m Länge, zwei teilweise beschädigte und ein total beschädigter Behälter sind wieder hergestellt. Das in den Straßen liegende Rohrnetz ist bereits wieder in einem solchen Zustand, daß die daran auftretenden sogenannten Rohrnetzverluste auf eine friedensmäßige Grenze zurückgegangen sind.

Infolge der großen Verluste durch die Schäden an den Inneninstallationen aber, durch den ungeheuren zusätzlichen Wasserbedarf für Bewässerungszwecke ist bereits im Jahre 1946 und weiter 1947 der Wasserbedarf weit über das Ausmaß des Jahres 1937 hinaus gestiegen. Es wurden folgende zusätzliche Maßnahmen getroffen:

In Wien wurden die Grundwasserwerke Nußdorf, Wasserpark und Rustenschacherallee mit zusammen 50 000 m^3/Tag so eingerichtet, daß sie in der Lage sind, im Bedarfsfalle ein hygienisch einwandfreies Wasser ins Netz zu liefern. Weiters wurden für einzelne stärkere Wasserverbraucher ehemals bestandene eigene Wasserversorgungsanlagen wieder eingerichtet, so für den Schlachtviehmarkt zwei Brunnen; Gaswerk und E-Werk wurden veranlaßt, ihre bestehenden Eigenwasserversorgungsanlagen zur Entlastung der Hochquellenleitung in Betrieb zu halten und weiter auszubauen. Für das Rotundengelände der Wiener Messe und für das Gebiet des Winterhafens wurden eigene Grundwasserwerke von zusammen 5000 m^3 im Tag errichtet, die so eingerichtet sind, daß sie einwandfreies Wasser liefern.

An der Ersten Wiener Hochquellenleitung wurde im Einvernehmen mit der Gemeinde Ternitz das dieser gehörige Grundwasserwerk so ausgebaut, daß es in der Lage ist, für Wien rund 10000 m^3/Tag zu liefern.

Im Quellgebiet der Ersten Wiener Hochquellenleitung (siehe Abb. 5) wurden Maßnahmen durchgeführt, um die Leistungsfähigkeit zu erhöhen. Da der Gemeinde Wien dort nur das Recht auf eine ganz bestimmte Wassermenge erteilt wurde, ist bei der durch die ungewöhnlichen Verhältnisse bedingten Wassernot um Erteilung eines Überkonsenses eingeschritten worden, der aber nur unter bestimmten Voraussetzungen, nämlich erst, wenn in Wien Wassersparmaßnahmen angeordnet wurden, bis zu 20000 m^3/Tag erteilt wurde. Zwei Grundwasserfassungen wurden durchgeführt, die zusätzlich 5000 m^3/Tag für den Überkonsens nutzbar machen.

Im Quellgebiet der Zweiten Wiener Hochquellenleitung wurden zur Beseitigung des Winterminimums Nachfassungen in Brunngraben, im Siebenseegebiet, in Weichselboden und bei den Kläfferquellen ausgeführt, oder sind in Ausführung begriffen. Bei den Stollenbauten sind seinerzeit Quelladern angefahren worden, welche, wie die hygienischen Untersuchungen ergeben haben, einwandfreies Wasser liefern, das durch Sohlendrainagen abgeführt wurde. Diese Bergwässer sind, wo es möglich war, im Ausmaß von 5000 m³/Tag in die Hauptleitung eingeleitet worden, so daß im heurigen Winter zur Abdeckung des Winterminimums bereits 30 000 m³/Tag werden mehr eingeleitet werden können.

Gegenüber den Verhältnissen von 1938 sind demnach zusätzliche Wassergewinnungsanlagen im Ausmaße von insgesamt 120 000 m³/Tag erstellt worden.

Betrachtet man nun die Wasserverbrauchsziffern 1938 und 1947, so ergibt sich folgendes Bild:

Als Kennziffer für den Wasserverbrauch ist in der Wasserversorgung der Tagesverbrauch je Kopf der versorgten Bevölkerung eingeführt, das ist die aus den Behältern für alle Zwecke in 24 Stunden abgegebene Wassermenge dividiert durch die versorgte Einwohnerzahl.

Im Verbrauchsjahr 1937/1938 wurden rund 1·8 Millionen Menschen mit Wasser versorgt. Es betrug der durchschnittliche Jahresverbrauch je Kopf und Tag 180 Liter, der durchschnittliche Tagesverbrauch daher 324 000 m³. Da die Zweite Hochquellenleitung durchschnittlich 210 000 m³, die Erste Hochquellenleitung samt Grundwasserwerken durchschnittlich 120 000 m³/Tag lieferten, wurde daher mit diesen Einrichtungen das Auslangen gefunden. Im Verbrauchsjahr 1946/1947 bei einer versorgten Einwohnerzahl von 1·5 Millionen Menschen stieg der Durchschnittsverbrauch auf 230 Liter je Kopf und Tag. Es ergibt sich sohin ein durchschnittlicher Tagesverbrauch von 345 000 m³. Da infolge der Trockenheit dieser Jahre die durchschnittlichen Lieferungen der Hochquellenleitungen samt den Grundwasserwerken an diesen Leitungen nur 300 000 m³ täglich betrugen, ist klar, daß der Verbrauch nur durch die Grundwasserwerke Nußdorf, Wasserpark und Rustenschacherallee und durch die vier Industriewasserwerke als Spitzendeckungswerke gedeckt werden konnte. Betrachtet man die größten Verbrauchsziffern, die im Sommer auftreten, so betrug der höchste Wasserverbrauch vor dem Kriege 225 Liter je Kopf und Tag, der aber nur an wenigen Tagen bei lang andauernder Hitze auftrat; es konnte ein solches vorübergehendes Ansteigen durch die Behältervorräte, insbesondere durch den im Jahre 1936 erbauten großen Lainzer Behälter, leicht überbrückt werden. Im Sommer 1946 stieg hingegen der Verbrauch auf 250 Liter je Kopf und Tag, der wochenlang in den heißen Monaten anhielt. Im Sommer 1947 stieg der Verbrauch bei der überaus lang andauernden Hitze auf Ziffern von 280 Liter je Kopf und Tag und erreichte seine Spitze mit 296 Liter. Bei einer Bevölkerungsziffer von 1·5 Millionen ist dies ein Verbrauch von 450 000 m^3 im Tag. Derartige Wassermengen konnten die beiden Hochquellenleitungen samt den Grundwasserwerken nicht bewältigen. Die Spitzendeckungswerke erreichten infolge der Stromschwierigkeiten und der Absenkung des Grundwassers infolge der Trockenheit insgesamt nur 80 000 m^3. Der Wienerwaldsee trocknete aus, so daß auch das Nutzwassernetz mit Hochquellenwasser versorgt werden mußte. Es standen also einem Verbrauch von 450 000 m^3 nur 380 000 m^3 Anlieferung gegenüber. Mit den verfügbaren Behältervorräten konnte nur ein paar Tage das Auslangen gefunden werden und mit banger Sorge wurde der nächste Regen erwartet. Dabei war es gleichgültig, wo es regnete, ob in Wien oder in den Quellengebieten; schon Niederschläge von nur 2 mm in Wien, eine sonst lächerliche Menge, brachten eine gewisse Erleichterung. Dies bedeutete einen Niederschlag von zwei Liter je Quadratmeter Bodenfläche, wir nannten das einen Schrebergartenspritzer. Die Behälter sanken mehr als einmal trotz Drosselung bis auf den sogenannten eisernen Brandvorrat herab und die Bevölkerung mußte immer wieder aufgefordert werden, mit Wasser zu sparen.

Dieser große Verbrauch hatte zwei Hauptursachen: Zunächst die im Kriege vernachlässigten Inneninstallationen der Häuser, besonders die rinnenden Klosette. Die Wasserwerke haben 6000 Zinshäuser daraufhin untersucht und in diesen 15000 rinnende Klosette und 3000 undichte Auslaufhähne angetroffen. Da es in Wien 60000 Häuser gibt, kann die Zahl dieser Verlustquellen mit Sicherheit mit 100000 angenommen werden. Läßt man einen Auslaufhahn nur soviel rinnen, daß gerade ein geschlossener Wasserfaden entsteht, so bedeutet dies schon eine Wassermenge von täglich 500 bis 1000 Liter, also durchschnittlich 750 Liter. Bei 100000 rinnenden Klosetten bedeutet dies 75000 m^3 je Tag, die zwar vom Wassermesser erfaßt und daher auch bezahlt werden, aber ungenutzt in den Kanal abfließen.

Die zweite Ursache des großen Wasserverbrauches im Sommer war die Gemüseanbauaktion. Die Erhebungen ergaben, daß die Erntelandflächen, Schrebergartenflächen, Kleingärten und Hausgartenflächen, die hauptsächlich für Gemüseanbau verwendet und daher bewässert wurden, rund 25000000 m^2 betrug. Nimmt man die Verbrauchsziffer mit drei Liter je Quadratmeter an, so sind dies 75000 m^3/Tag, das ist soviel, wie die Erste Hochquellenleitung in diesem trockenen Sommer nach Wien brachte und ist zufällig auch so viel, wie durch die schadhaften Hausinstallationen verlorengeht. Die Richtigkeit dieser Ziffern wurde auch durch den Unterschied der Wasserverbrauchsmengen an einem heißen trockenen Sommertag und an einem Regentag bestätigt. Es ergab sich somit die Überlegung: Wenn es möglich gewesen wäre, die undichten Klosettanlagen und Wasserhähne in Ordnung zu bringen, so hätte man damit soviel erspart, wie für die Gemüseanbauaktion Wasser benötigt worden ist, und es wären trotz der Trockenheit keine Sparmaßnahmen erforderlich gewesen. So aber summierten sich diese beiden Verlustquellen zu einer fast untragbaren Ziffer. Dazu kam, daß Großgärtnereien und einige Industrien mit eigener Wasserversorgung ebenfalls von den Wasserwerken versorgt werden mußten, einerseits wegen Versagens der Brunnen infolge des niederen Grundwasserstandes, anderseits wegen schlechter Stromversorgungslage bzw. wegen Treibstoffmangel für die Benzinmotorpumpen der Gärtnereien.

Man muß sich darüber Klarheit verschaffen, wie der Wasserverbrauch der Zukunft sich gestalten wird. Die Richtung ist eindeutig: Für die Zukunft läßt sich der Schrebergarten, der Kleingarten, die Siedlung mit Hausgärten, nicht mehr wegdenken; es muß das Weiterbestehen von 25 Millionen Quadratmeter zu bewässernder Gartenflächen angenommen werden, dies ergibt bei drei Liter je Quadratmeter 75 000 m^3/Tag oder, auf den Kopf der Bevölkerung umgerechnet, im Sommer einen Mehrverbrauch von 50 Liter je Kopf und Tag, der für diese Zwecke vorgesehen werden muß. Die Inneninstallationen müssen wieder in Ordnung gebracht werden, dann wird der winterliche Wasserverbrauch wieder auf 180 bis 200 Liter je Kopf und Tag sinken, so daß mit einem Sommerverbrauch von 230 bis 250 Liter zu rechnen sein wird. Unter dieser Voraussetzung würden in den nächsten fünf Jahren die bestehenden Wasserversorgungseinrichtungen ausreichen.

In diesem Zusammenhang muß noch folgendes erwähnt werden: In vielen anderen Großstädten, wie z. B. Paris, werden Wasserverbrauchsziffern von 400 Liter je Kopf und Tag und mehr angegeben. In diesen Städten wird aber in der Regel alles,

d. h. nicht nur die Bevölkerung mit Wasser für Trink- und Haushaltszwecke, sondern auch die gesamte Industrie für Nutzzwecke von den Wasserwerken versorgt. Sie haben aber auch kein so gutes Wasser wie Wien, sondern Wasserversorgungsanlagen mit aufbereitetem Fluß- oder Seenwasser. Die Bestimmung der Wiener Wasserversorgung war aber seit eh und je: Die Hochquellenleitungen dienen in erster Linie zur Versorgung der Wiener Bevölkerung mit naturbelassenem einwandfreiem Trinkwasser; für Großnutzung als Kühl-, Kesselspeise- und sonstiges Nutzwasser ist es zu schade. Daher besitzt Wien außer der öffentlichen Wasserversorgung noch Wasserversorgungsanlagen der Industrie, der Großgärtnereien usw. mit einer Gesamtleistungsfähigkeit von 250 000 m^3/Tag. Zählt man zur durchschnittlichen Leistungsfähigkeit der öffentlichen Wasserversorgung mit 450 000 m^3/Tag die Eigenwasserversorgungsanlagen der Industrie mit 250 000 m^3/Tag dazu, so kommen wir auf eine Gesamtleistung der Wasserversorgungsanlagen von Wien von 700 000 m^3/Tag, also auf eine Leistung von 465 Liter je Kopf und Tag. Man sieht also, daß Wasserverbrauchsziffern von Städten mit Vorsicht aufzunehmen sind. Ein Uneingeweihter könnte, wenn man den Wasserverbrauch von Wien mit 200 Liter je Kopf und Tag angibt, meinen, daß Wien in der Wasserversorgung auf einer sehr niedrigen Stufe steht.

Auf einen weiteren Umstand muß noch hingewiesen werden, nämlich auf die sogenannten Minderanzeigen der Wassermesser. Infolge des Krieges, insbesondere weil die Wassermesserindustrie vollständig stillgelegt und der Kriegsindustrie nutzbar gemacht wurde, ist es derzeit nicht nur nicht möglich, neue Wassermesser zu beschaffen, sondern es ist auch nicht möglich, die Reparatur der Wassermesser im notwendigen Maße durchzuführen. Bisher ist die Wassermesserindustrie für Neulieferungen nicht in Gang gekommen, selbst für Reparaturen fehlen nach wie vor vielfach die erforderlichen Materialien, auch die Stromschwierigkeiten spielen hier sehr stark mit. Wir haben in Wien rund 70 000 Wassermesser eingebaut. Diese sind im Frieden alle vier Jahre ausgewechselt worden, welcher Zeitraum sich als der wirtschaftlichste erwiesen hat. Je länger ein Wassermesser läuft, um so weniger zeigt er an. In vier Jahren ist die sogenannte Minderanzeige so weit angestiegen, daß der Wasserpreis für die zu wenig angezeigte Wassermenge schon die Reparaturskosten deckt. Heute sind die Wassermesser aber bereits zehn Jahre eingebaut, die Minderanzeige ist auf 15 bis 20% angestiegen. Die Abnehmer beziehen also praktisch um 15 bis 20% mehr, als sie wirklich bezahlen. Es besteht leider keine Handhabe, diesen Verbrauch anzurechnen, weil der Wassermesser die Grundlage der Verrechnung bildet.

Für die Zukunft muß ferner in Tariffragen und für eine Novellierung des Wasserversorgungsgesetzes folgendes berücksichtigt werden:

Als im Jahre 1923 das Wiener Wasserversorgungsgesetz geschaffen wurde, ging man von der richtigen Überlegung aus, daß die Hochquellenleitungen dazu erbaut worden sind, um in erster Linie die Bevölkerung mit hygienisch einwandfreiem Trinkwasser zu versorgen. Dies kam im Wasserversorgungsgesetz vom Jahre 1923 darin zum Ausdruck, daß jedermann in Wien einen Anspruch auf eine Freiwassermenge von 35 Liter je Kopf und Tag hatte; erst die darüber hinaus verbrauchte Menge wurde mit einem Preis von 20 Groschen je Kubikmeter festgelegt. Darüber hinaus konnte, und zwar nur nach Maßgabe vorhandener Überschüsse, Wasser für andere Zwecke zu acht Groschen je Kubikmeter abgegeben werden. Auf diese Weise war der durchschnittliche Preis für Haushaltszwecke je Kubikmeter niedriger als für sonstige Zwecke. Dies entsprach auch dem Sinn des Wasserversorgungsgesetzes. Zwischen 1934 und 1945 wurde diese Freiwassermenge allmählich abgebaut, daher praktisch der Wasserpreis für die Bevölkerung erhöht, während der Preis für den sonstigen, also gewerblichen Wasserbezug, gleich blieb. Es hätte daher sinngemäß auch der Wasserpreis für die Industrie erhöht werden müssen, und zwar hätte mindestens der Wasserpreis für Hauswasserverbrauch und industriellen Wasserbezug ein gleich hoher sein müssen, denn ursprünglich war ja der Durchschnittspreis für Wasser, auf das jedermann gesetzlich Anspruch hatte, niedriger als für Wasser zu sonstigen Zwecken, worauf kein gesetzlicher Anspruch bestand. Dieser soziale Grundsatz muß nicht nur in Wien, sondern für die Wasserversorgung ganz Österreichs zur Regel werden.

Für die Tarifpolitik müssen daher folgende Richtlinien für die Zukunft maßgebend sein:

1. Die Wassermenge, auf die jedermann für den Normalbedarf Anspruch hat, ist mit dem geringsten Tarifsatz zu berechnen.

2. Für industrielle, gewerbliche und sonstige Zwecke ist der Wasserpreis mit mindestens demselben Preis festzulegen wie für den Normalbedarf.

3. Eine gesetzliche Verpflichtung zur Wasserlieferung soll jedoch, wie auch nach dem derzeit in Geltung stehenden Wasserversorgungsgesetz, nur für den Hauswasserbedarf und für unbedingt notwendige hygienische Zwecke bestehen; für sonstige Zwecke kann Wasser nur nach Maßgabe von vorhandenem Überschußwasser aus der öffentlichen Wasserversorgung abgegeben werden, insbesondere sind industrielle oder gewerbliche Großverbraucher, Großgärtnereien usw., welche große Nutzwasser-

mengen beanspruchen, auf eigene Wasserversorgungsanlagen zu verweisen. Wien hat dabei das Glück, in einem großen Teil seines Gebietes reichlich Grundwasser zu besitzen.

In diesem Zusammenhang muß auch vom Anschlußzwang an die öffentliche Wasserversorgung gesprochen werden. Es muß eindeutig feststehen, für welche Zwecke Anschlußzwang besteht, für welche Zwecke ein Anschluß nach Maßgabe des vorhandenen Wassers möglich, aber kündbar sein soll und schließlich wann Anschlüsse abzulehnen sind.

4. Die Frage des Brandschutzes ist ein Kapitel für sich; derzeit besagt das Wasserversorgungsgesetz, daß Wasser auch für diesen Zweck nur nach Maßgabe vorhandener Überschüsse abgegeben werden kann. Die Entwicklung des Feuerlöschwesens ist aber eine solche, daß die Einrichtungen, insbesondere das Rohrnetz, für diese Zwecke immer unzulänglicher werden. Man wird zusätzliche Einrichtungen schaffen müssen, die von der öffentlichen Wasserversorgung unabhängig sind; in Wien selbst sind ja die Verhältnisse wegen der vorhandenen Großbehälter günstig. Es wurde bisher selbst in Zeiten großen Wassermangels immer darauf gesehen, daß die sogenannte Feuerlöschreserve in den Behältern vorhanden blieb.

5. Im Wasserversorgungsgesetz muß aber auch noch in anderer Hinsicht Vorsorge getroffen werden. Die Erfahrungen der letzten zwei Jahre haben gezeigt, daß einerseits keine wirksamen Einrichtungen vorhanden sind, um den Wasserverbrauch bei Wassernot, welche nicht nur durch Trockenheit, sondern auch bei Schäden an einer der beiden Hochquellenleitungen oder bei Schäden an Hauptrohrsträngen auftreten kann, wirksam herabzusetzen, anderseits jeder Wasservergeudung wirksam zu begegnen. Dabei soll dies alles unter möglichster Schonung der Bevölkerung erfolgen. Es

hat sich gezeigt, daß der Wasserverbrauch wirksam und für die Bevölkerung am erträglichsten nur durch Herabsetzung des Druckes, also durch Drosseln, herabgemindert werden kann. Die Drosselungen bei der Abgabe aus den Behältern, im Rohrnetz und in den Häusern haben es bisher ermöglicht, schwere Krisen in der Wasserversorgung zu vermeiden. Es sind in der Zeit der Sparmaßnahmen sehr wenig Beschwerden bei den Wasserwerken eingelaufen, ein Zeichen, daß die angeordneten Maßnahmen einerseits bei der Bevölkerung Verständnis gefunden haben, anderseits aber auch erträglich waren. Sie werden, wenn die Inneneinrichtungen wieder in Ordnung sein werden, überhaupt überflüssig werden. Es wurden sowohl bei den Behältern als auch im Rohrnetz Drosselorgane eingebaut und werden noch weitere eingebaut werden, deren Bedienung durch einen Mann möglich ist und die in Hinkunft ferngesteuert werden sollen. Große Schieber erfordern zur Betätigung meist vier Mann und mehr. Auch für alle Wasserleitungsanschlüsse wird ein leicht einstellbares und plombierbares Drosselorgan entwickelt werden und damit die Anordnung des sogenannten kontinuierlichen Auslaufes der Bauordnung ersetzt werden.

6. Die Schäden an den Inneninstallationen müssen hartnäckig und wirksam bekämpft werden und müssen verschwinden, denn es geht nicht an, daß bei einer Schadensstelle Wasser ungenutzt abfließt, während mit diesem Wasserverlust täglich 400 m^2 Ernteland bewässert werden könnten. Es muß daher bei einer Überprüfung der Inneninstallationen für jede Schadensstelle eine Gebühr vorgeschrieben werden. Dies wird bewirken, daß solche Schadensfälle sofort behoben werden. Der Standpunkt, daß das auf diese Weise verlorengehende Wasser ohnehin bezahlt wird, ist ein ganz und gar unangebrachter.

7. Schließlich muß aber in diesem Zusammenhang noch auf einen Übelstand im bestehenden Mietengesetz hingewiesen werden. Früher war die Wassergebühr im Mietzins inbegriffen. Der Hauseigentümer hatte also selbst das größte Interesse, daß alle Wasserleitungseinrichtungen in seinem Hause ordnungsmäßig instand gehalten werden und auch sonst eine Wasserverschwendung vermieden werde. Heute kann er die auflaufenden Wassergebühren auf die Mieter überwälzen. Der Mieter selbst verspürt die Wassergebühr kaum, auch wenn der Wasserverbrauch gegenüber 1937 um 100 % gestiegen ist, denn es beträgt die Wassergebühr für eine Person, wenn man einen Haushaltsverbrauch von 50 Liter je Tag und Person annimmt, im Monat nur 45 Groschen, also nicht einmal soviel wie die Kosten für einen Straßenbahnfahrschein.

Überblickt man alle bisher getroffenen Maßnahmen, so ergibt sich, daß Wien bisher in jeder Hinsicht das Möglichste vorgesorgt hat, um augenblicklich den jeweiligen kritischen Verhältnissen zu begegnen, die in den Kriegsfolgen begründet sind. Darüber hinaus hat die Gemeindeverwaltung gezwungenermaßen sich auch mit der künftigen Entwicklung befaßt, um rechtzeitig Vorsorge treffen zu können.

Es ist klar, daß die Ingenieure der Stadtverwaltung, die sich oft durch ein ganzes Leben mit der Wasserversorgung Wiens befassen, nicht nur Erfahrungen sammeln konnten, die sich auf die direkte Versorgung Wiens beziehen, sondern sich auch mit außerhalb Wiens gelegenen Interessen befassen mußten, da die Quellen in den entfernten Höhen der Rax und des Schneeberges, der Schneealpe und des Hochschwab liegen und die Hochquellenleitungen durch große Strecken von Niederösterreich führen. Dabei ist sowohl auf die Interessen der Bevölkerung als auch der Industrie und der Landwirtschaft Rücksicht zu nehmen. Diese Arbeiten führen aber auch zu Betrachtungen und Erfordernissen der Wasserversorgung überhaupt, die von Staats wegen in die Hand zu nehmen sind.

II. Allgemeine Betrachtungen zur Planung.

Für die Planung und den zukünftigen Ausbau der Wasserversorgung nicht nur für Wien, sondern für ganz Österreich, müssen daher entsprechende Grundlagen geschaffen werden, und zwar:

1. Für die Sicherstellung einwandfreien Trinkwassers sind im Wasserrecht die notwendigen Voraussetzungen zu schaffen.

2. Von einem kleinen Stab erfahrener Fachleute (Wasserwirtschaftler) sind Rahmenpläne für ganz Österreich auf weite Sicht aufzustellen.

3. Von Fachleuten ist klarzustellen, in welchem Ausmaß öffentliche Wasserversorgungen für andere als Trink- und Haushaltszwecke herangezogen werden bzw. auszubauen sind.

4. Die mit der Obsorge für Wasserversorgung betrauten Ämter haben als Amt auch andere als öffentliche Wasserversorgungen zu erfassen, zu behandeln und zu betreuen, so jede Art von Brunnen, Bohrungen auf Grund- und sonstiges Wasser, Industriewasserwerke usw.

5. Die Tarife sind nach einheitlichen Richtlinien durch Gesetz unter dem Gesichtswinkel auszurichten, daß öffentliche Wasserversorgungen keine gewerblichen Unternehmungen, sondern Wohlfahrtseinrichtungen sind.

6. Der großzügige Ausbau der öffentlichen Wasserversorgung muß für ganz Österreich eine Hauptaufgabe des Staates werden.

Was den Ausbau des Wasserrechtes anbelangt, so muß endlich eine Rangordnung in der Erteilung von Wasserrechten deutlich in Erscheinung treten, wobei die Wasserversorgung an der Spitze zu stehen hat, der dann die Landwirtschaft, die Ernährung und weiter die Kraftnutzung zu folgen hat. Bedenkt man, daß vom Wasserschatz für Wasserversorgungszwecke nur ein geringer Bruchteil, für landwirtschaftliche Zwecke ein nicht erheblicher Teil, für Kraft- und Energiezwecke aber der Großteil des Wasservorkommens verwendet wird, während die Beschaffung eines Ersatzes dagegen bei der Wasserversorgung wohl am schwierigsten, bei der Landwirtschaft ebenfalls schwierig, am leichtesten aber bei der Verbundwirtschaft im Kraftwerkswesen ist, so ist die angeführte Rangordnung um so begründeter, als auch die Trinkwasserversorgung am lebensnotwendigsten, die Belange der Ernährung nicht minder lebensnotwendig sind und auch hier Kraftwerks- und Verkehrswirtschaft nachfolgen müssen. Es waren diese Bedürfnisse seit unvordenklicher Zeit schon so geordnet und werden es voraussichtlich in aller Zukunft bleiben.

Was die Planung anlangt, werden folgende Grundsätze festgesetzt werden müssen:

Es ist möglichst großräumig zu planen und nicht nur für die nähere, sondern auch für die fernere Zukunft. Gemeinde-, Bezirks-, ja selbst Landesgrenzen dürfen hierbei keine Rolle spielen. Es wäre z. B. widersinnig, für eine Großstadt, die an einem Strom liegt, zu verlangen, daß sie für ihre Trinkwasserversorgung Grund- oder sogar Stromwasser nur aus diesem Stromgebiet entnimmt, wenn aus dem Bereiche des Nachbarlandes erstklassiges naturbelassenes Quellwasser, noch dazu ohne jede Pumparbeit, zugeleitet werden kann. Wasserversorgungsanlagen können nicht großzügig genug geplant und gebaut werden. Sie sind immer wieder zu knapp geworden. Leistungsfähige Gruppenwasserversorgungen und nicht Einzelwasserversorgung für einzelne Siedlungen und Orte werden die Wasserversorgung der Zukunft darstellen müssen.

Man wird also sogenannte wasserwirtschaftliche Rahmenpläne für ganze Gebiete aufstellen müssen (Abb. 1). Die Wiener Wasserwerke haben für Wien und das Wiener Becken schon vor Jahresfrist einen solchen wasserwirtschaftlichen Rahmenplan vom Standpunkt der Wasserversorgungsbedürfnisse für Wien und das Gebiet bis zum Semmering für die Wasserrechtsbehörde ausgearbeitet bzw. untersucht und festgestellt, daß unter Berücksichtigung eines entsprechenden Bevölkerungszuwachses in diesen Gebieten und unter Zugrundelegung eines immer mehr ansteigenden Wasserbedarfes einwandfreies naturbelassenes Trinkwasser in Form von Quellen und gutem Grundwasser nur mehr für die normale Entwicklung der nächsten 100 Jahre vorhanden ist. Dabei kann die Wasserverteilung nur im Wege einer richtigen Gruppenwasserversorgung, also im Wege einer Wasserversorgungs-Verbundwirtschaft, gelöst werden und dieser Schatz nur so wirklich richtig bewirtschaftet werden.

Die Planung ist mit der Planung für die landwirtschaftliche Wasserversorgung und mit der Wasserwirtschaft für Kraftzwecke zu koppeln. Besonders Gruppenwasserversorgungen lassen sich auch für kraftwirtschaftliche Zwecke vorteilhaft ausbauen. Die Wiener Wasserversorgung bildet hier ein Musterbeispiel: Sind doch bekanntlich in den Quellengebieten fünf Kraftwerke, an den Zuleitungen ein Großkraftwerk in Gaming und in Wien selbst fünf Wasserleitungskraftwerke eingebaut, die insgesamt eine Leistung von zirka 40 000 000 kWh im Jahre aufweisen. Ein neues Kraftwerk ist im Bau und fünf weitere sind geplant.

In der Wasserversorgung ist analog wie in der Kraftwirtschaft eine Verbundwirtschaft anzustreben. Hierbei ist in der Organisation und Planung von Wasserversorgungsanlagen das Augenmerk auch auf die Beziehungen zwischen den

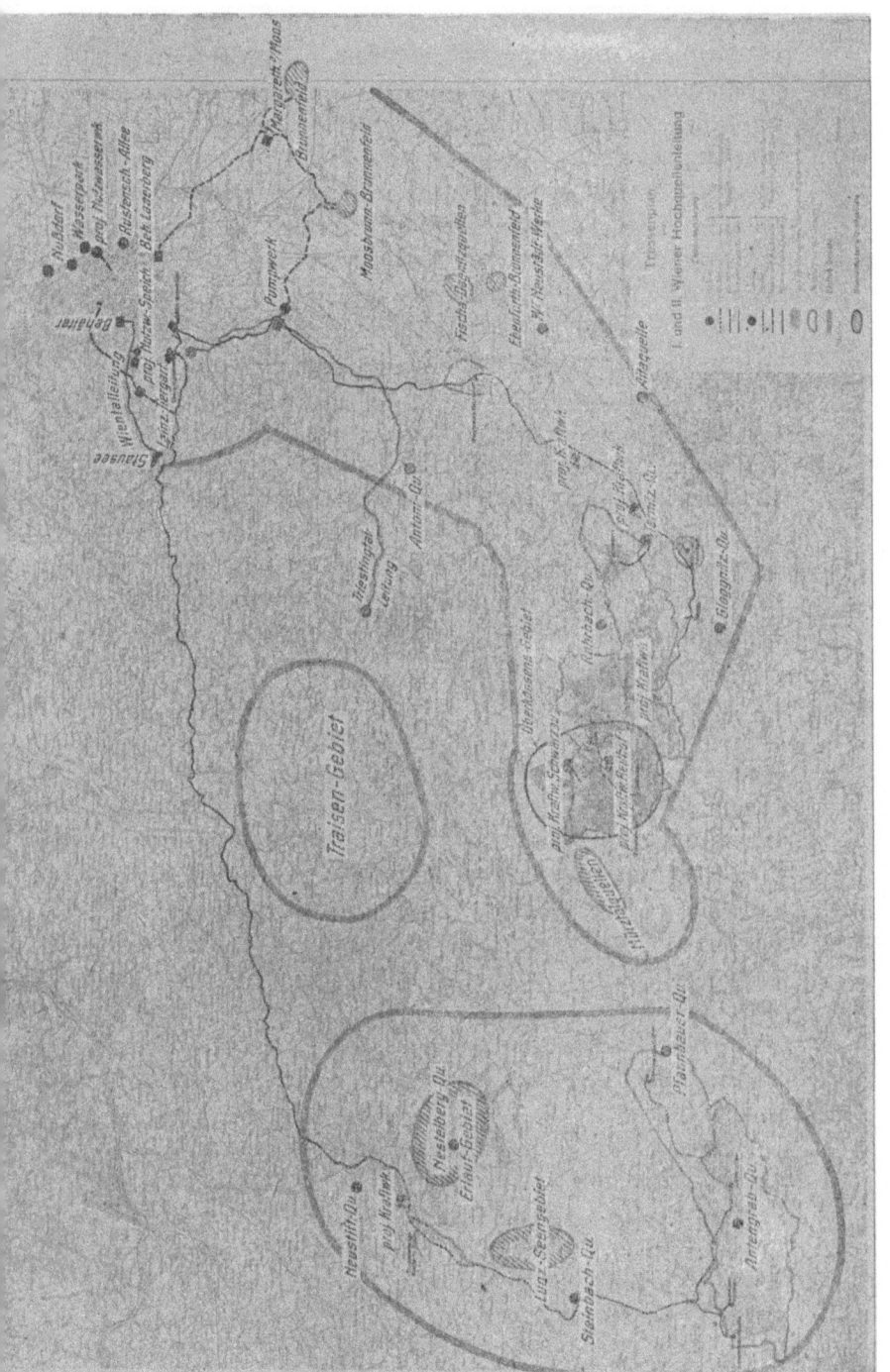

Abb. 1. Trassen- und Wasserwirtschaftsplan

öffentlichen Einrichtungen und privaten Eigenversorgungsanlagen zu richten. Private Eigenversorgungsanlagen, welche in der Lage sind, ausreichend hygienisch einwandfreies Trinkwasser zu liefern, sind in das Netz der öffentlichen Trinkwasserversorgung einzubinden. In Wien sind zwei solche Werke, und zwar die Wasserversorgungsanlagen einer Brauerei und einer Färberei, herangezogen. Zwei ebensolche Spitzendeckungswerke für die Wiener Messe-A. G. und für den Winterhafen sind errichtet worden und zwei weitere, und zwar die Einbindung der Wasserversorgungsanlagen der ehemaligen Floridsdorfer- und der Nußdorfer-Brauerei, sind geplant. Sie werden nur in Betrieb genommen, wenn der Bedarf es erfordert. Es wird also hier innerhalb des städtischen Netzes bereits eine Verbundwirtschaft zwischen öffentlichen und privaten Wasserversorgungsanlagen von vorläufig etwa 10% des Gesamtbedarfes vorhanden sein. Es muß betont werden, daß diese Anlagen aber nur im Wege gründlicher hygienischer Untersuchungen und unter Abführung eines eigenen wasserrechtlichen Verfahrens errichtet und ihr Betrieb nur unter ständiger betrieblicher Überwachung durch die städtischen Wasserwerke und unter hygienischer Überwachung durch das städtische Gesundheitsamt geführt werden dürfen. Diese Industrieanlagen mit eigener Wasserversorgung besitzen aber anderseits leistungsfähige Anschlüsse an das öffentliche Rohrnetz, um umgekehrt bei Störungen oder notwendigen Überholungen ihrer eigenen Wasserversorgungsanlage aus der öffentlichen Leitung versorgt werden zu können.

Eine gute Verbundwirtschaft besteht z. B. heute bereits zwischen den Wiener Wasserwerken und der Triestingtaler Wasserleitung, die an sich eine Gruppenwasserversorgung darstellt.

Die Wiener Wasserwerke sind aber außerdem

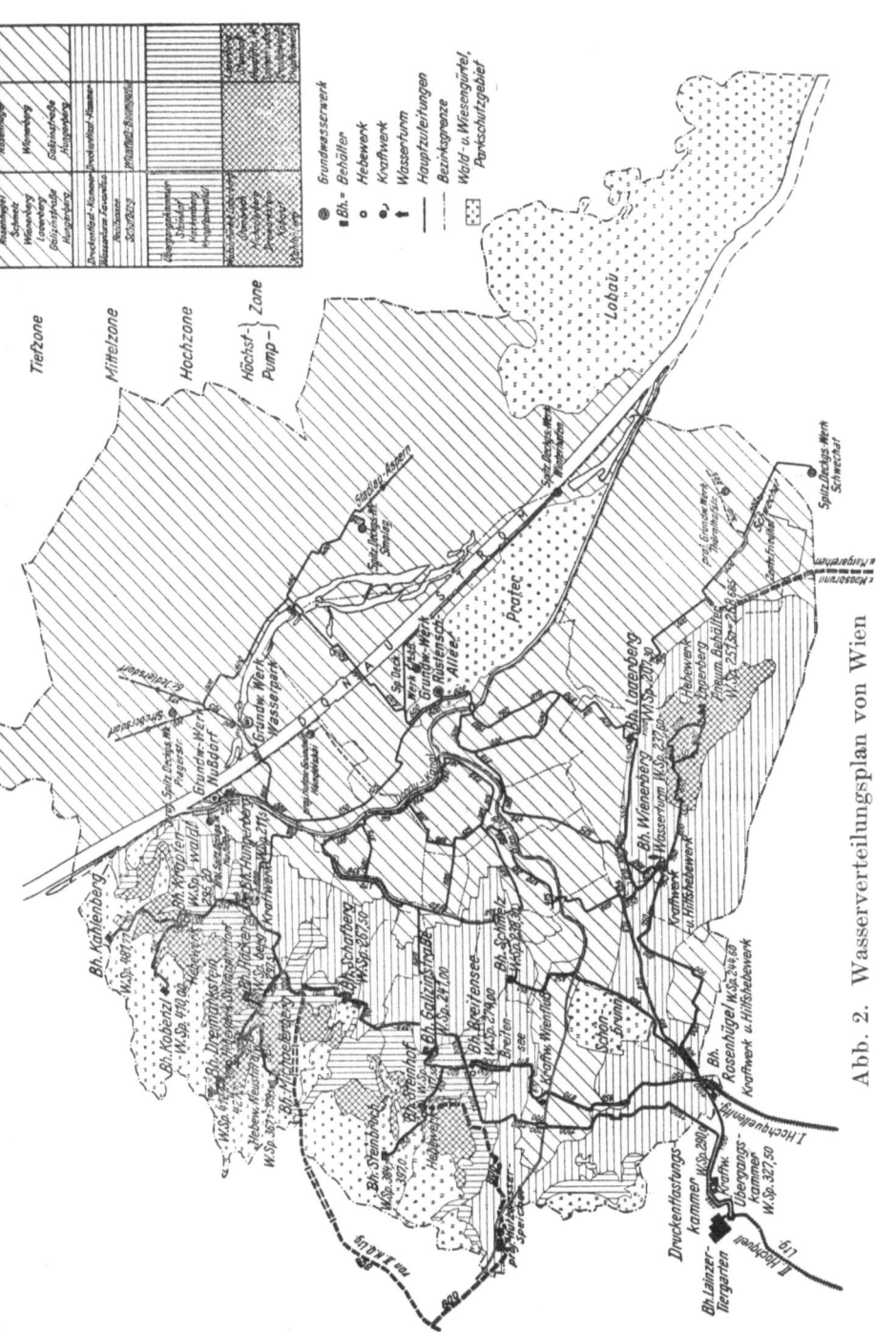

Abb. 2. Wasserverteilungsplan von Wien

darangegangen, alle sonstigen bestehenden Wasserversorgungseinrichtungen, wie Hausbrunnen, die alten Wasserleitungen in Wien (wie die Schottenfelder Wasserleitung, die Siebenbrunnenfeld-Wasserleitung, die Albertinische Wasserleitung) und die im Kriege errichteten Feuerlöschbrunnen zu erfassen und sie, wenn möglich, einer zweckmäßigen Verwendung zuzuführen, so daß dies eine Entlastung der Hochquellenleitung bedeuten würde.

So wie für das Gebiet, durch welches die Erste Hochquellenleitung führt, wäre auch für das Gebiet der Zweiten Hochquellenleitung ein wasserwirtschaftlicher Rahmenplan aufzustellen. Dort liegen die Verhältnisse so, daß einerseits noch Quellen zur Auffüllung des Winterminimums sichergestellt werden müssen, anderseits ist, wie noch näher ausgeführt werden wird, sowohl das Quellengebiet als auch das Gebiet, durch welches die Zweite Hochquellenleitung führt, noch das einzige Gebiet, wo unter gewissen Voraussetzungen im Umkreis von 200 km von Wien noch eine Dritte Hochquellenleitung erstellt werden könnte, die zugleich eine Gruppenwasserversorgung und eine Wasserversorgungs-Verbundwirtschaft in ihrer ganzen Länge darstellen müßte. In wasserwirtschaftlichen Rahmenplänen für die Gebiete der Ersten und Zweiten Hochquellenleitung und besonders für das wasserwirtschaftlich sehr komplizierte Gebiet des ganzen Wiener Beckens von der Donau bis zur steirischen Grenze, mithin die Flußgebiete der Fischa und der Leitha, sind also schon heute die für Wasserversorgungszwecke geeigneten Wasservorkommen sicherzustellen, auch wenn die Ausführung noch lange Zeit auf sich warten lassen wird.

Dies wird in erster Linie die Aufgabe der beim Bundesministerium für Handel und Wiederaufbau gebildeten Studienkommission zur Sicherung der zukünftigen Wasserversorgung Wiens sein müssen.

Im Zusammenhang mit diesen Fragen wird aber nicht nur für Wien, sondern überhaupt für die Wasserversorgung im allgemeinen die Frage zu klären sein: Hochquellenwasser oder Grundwasser. Die besonders im Wiener eingefleischte Ansicht, daß Hochquellenwasser das beste sei und jedes Grundwasser schlechter, stimmt heute keineswegs mehr mit der Ansicht der Hygieniker überein, weil ausgedehnte Quellgebiete in den Kalkalpen in solchen Ausmaßen wie für die beiden Hochquellenleitungen vor schädlichen Einflüssen viel schwieriger zu schützen sein werden als geeignete Grundwasserschutzgebiete, deren Ausmaße weit unter jenen der Quellschutzgebiete liegen.

III. Zukünftiger Ausbau.

Wie und in welcher Reihenfolge stellt sich nun heute der zukünftige Ausbau der Wiener Wasserversorgung dar? Er gliedert sich in folgende Gebiete:

a) An der Ersten Hochquellenleitung: Auffüllung, Verbund-, Speicher- und Kraftwirtschaft.

b) An der Zweiten Hochquellenleitung: Auffüllung, Verbund- und Kraftwirtschaft.

c) In Wien: Richtige Verbrauchslenkung für Trink-, Brauch- und Industriewasser; Ausbau der Wasserverteilung durch eine neue Hauptverteilungsleitung und Behältervergrößerungen.

d) Erwerbung und Ausbau der Wiental-Wasserleitung; Übernahme der Triestingtaler Wasserleitung im Wiener Raum.

e) Bau des Großwasserwerkes Moosbrunn und

f) Planung einer Dritten Hochquellenleitung als Gruppenwasserversorgung.

Zu den einzelnen Punkten wäre kurz zu bemerken:

Der derzeitige Zustand der Ersten Wiener Hochquellenleitung ist so, daß ihr Kanal heute nur bis 150000 m³/Tag anstandslos nach Wien bringen kann, daß sie aber nach Umbau von 23 Absturzstrecken, die Engpässe darstellen, auf eine Förderleistungsfähigkeit von 200000 m³/Tag gebracht werden kann. Die Untersuchungen an einem eigens dazu verfertigten Holzmodell, welche Aufschluß darüber geben sollten, auf welche einfachste und für den Betrieb der Wasserversorgung erträglichsten Weise der Umbau erfolgen soll, sind im Vorjahr abgeschlossen worden. Mit den Arbeiten wurde begonnen (Abb. 3 und 4). Man kann aber immer nur bei guter Wasserlieferung und da nur höchstens drei Tage am Kanal arbeiten; es muß dann wieder Wasser nach Wien geliefert werden, bis sich die Behälter, die durch das Ausbleiben des Wassers abgesunken sind, wieder aufgefüllt haben. Es ist aber heute in den Quellengebieten sowohl als auch mit den Grundwasserwerken Pottschach, Matzendorf und Ternitz nur an etwa 100 Tagen so viel Wasser vorhanden, daß insgesamt 150000 m³ je Tag zur Verfügung stehen. Um auf 200000 m³ je Tag zu kommen, sind zusätzlich Wassermengen zu beschaffen. Dies soll zum Teil in der Weise geschehen, daß der Konsens, der heute für die Quellen oberhalb Kaiserbrunns nur 36400 m³/Tag zubilligt, für jene Zeit erweitert werden soll, wo im Quellengebiet genügend Wasser vorhanden ist und die sonstigen Werksinteressenten durch eine größere Wasserentnahme nicht geschädigt werden können, daß also die Stadt Wien das Recht erhalten soll, nach Bedarf mehr Wasser einzuleiten oder zu speichern. Im Quellgebiet selbst müssen in diesem Zusammenhang aber auch unabhängig davon Maßnahmen durchgeführt werden, um zusätzlich Wasserfassungen zu erstellen, denn es hat sich im letzten Jahre (1947) gezeigt, daß bei derartiger Trockenheit nicht einmal der Konsens mit den bestehenden Quellfassungen erreicht werden

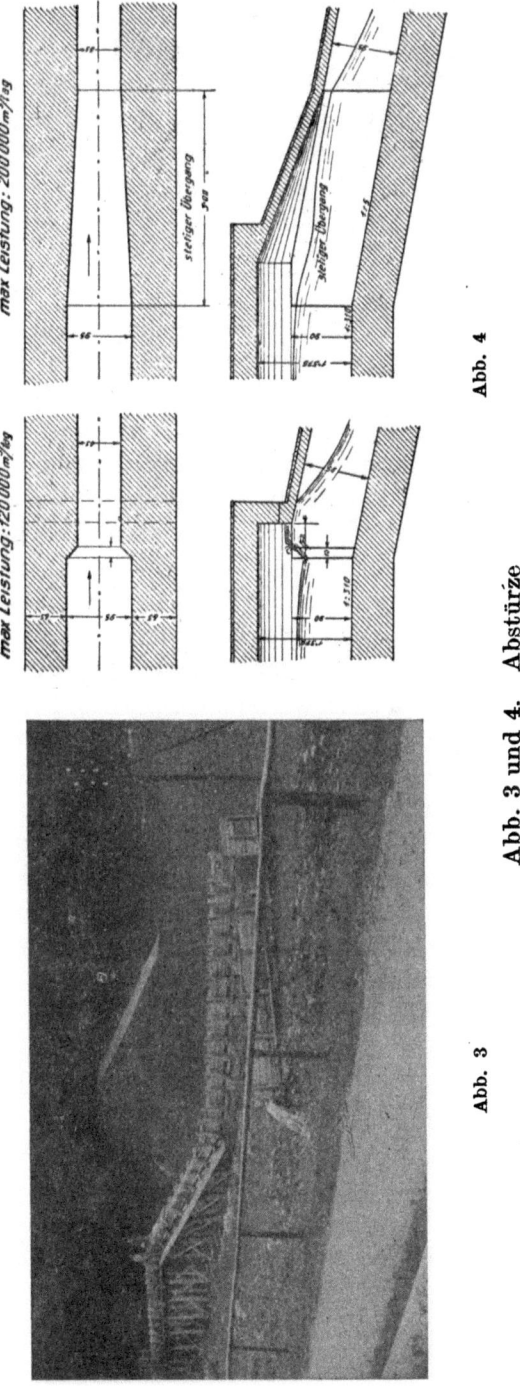

Abb. 3 und 4. Abstürze

kann. Es soll im Heufuß eine Wasserfassung in Angriff genommen (siehe Abb. 5) werden und an der Stelle der Einmündung des Preinbaches in den Naßbach eine Grundwasserfassung. Weiters soll versucht werden, im Rahmen einer Verbundwirtschaft beim Ausbau der Grundwasserversorgung der größeren Städte im Wiener Becken, also etwa von Wr. Neustadt und Baden, diese in die Lage zu versetzen, durch entsprechenden Ausbau ihrer eigenen Grundwasserversorgung auch Wasser für Wien zu liefern. Wie schon erwähnt, wurde mit der Gemeinde Ternitz in diesem Sinne bereits ein Wasserlieferungsvertrag abgeschlossen. Es muß bemerkt werden, daß im Wiener Becken hinreichend einwandfreies Trinkwasser vorhanden ist, daß damit gerechnet werden kann, auf diesem Wege mindestens 50 000 m^3/Tag als Lieferung für Wien zu erhalten. Die Verhandlungen werden vom Standpunkt der Wiener Wasserversorgung bei Festlegung des Wasserwirtschaftsplanes für dieses Gebiet in diesem Sinne geführt werden müssen.

Vor dem Bau der Zweiten Hochquellenleitung wurde vom Erbauer derselben, Oberbaurat Doktor Kinzer, für das Quellengebiet der Ersten Hochquellenleitung ein interessantes Projekt ausgearbeitet. Es war ein sogenannter Tauschwasserspeicher geplant, der den Zweck haben sollte, die wasserrechtlichen Schwierigkeiten bei Mehreinleitung von Quellwässer zu überwinden. In diesem Tauschwasserspeicher, der oberhalb von Schwarzau im Gebirge geplant war, sollte das Hochwasser gespeichert werden und immer dann, wenn man mehr Quellwasser über die Konsensmenge hinaus für Wien beanspruchen würde, sollte zu gleicher Zeit aus dem Tauschwasserspeicher eine etwas größere Menge in das Flußgebiet als Ersatz dafür abgegeben werden. Auch diese Möglichkeit wurde untersucht. Es hat sich aber ergeben, daß man

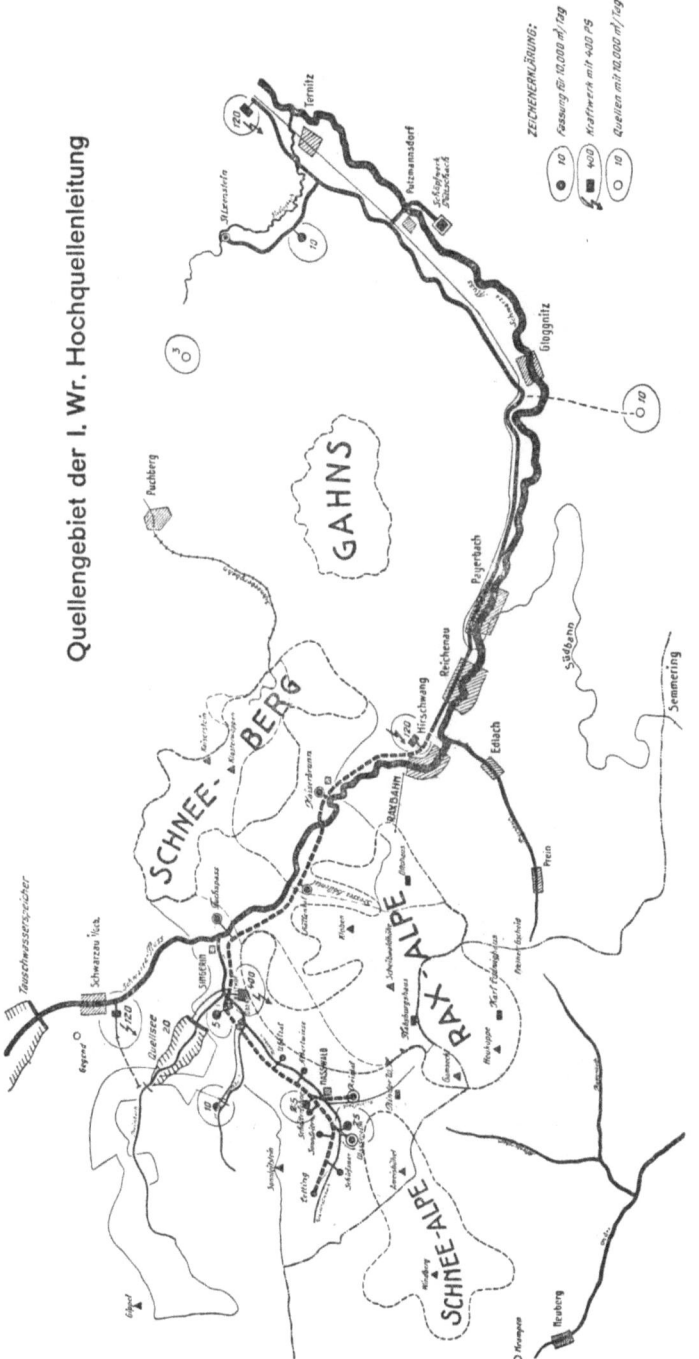

Abb. 5. Quellgebiet I

auf diesem Wege mit keiner größeren Menge als 20000 m³/Tag rechnen dürfe, da es in besonders trockenen Jahren, wie es z. B. das vorige Jahr war, fraglich ist, ob man den Tauschwasserspeicher überhaupt füllen könnte und schließlich würde durch die ungeheuren Kosten eines solchen Bauwerkes 1 m³ Wasser sehr teuer zu stehen kommen.

Es verdient aber in diesem Zusammenhang auf eine allerdings durch die jüngsten Überlegungen etwas abgeänderte Idee des Senatsrates Schönbrunner hingewiesen zu werden, nämlich auf den Gedanken, im Preintal einen Quellwasserspeicher zu errichten.

Dort soll bei Hochwasser, insbesondere dann, wenn die unterhalb der Naßbacheinmündung liegenden Fuchspaß-, Höllental-, Kaiserbrunn- und Stixensteinerquelle ohnehin genug Wasser haben und außerdem in der Schwarza bei Hirschwang noch genug Wasser für die Werksinteressenten vorhanden ist, das Quellwasser der oberhalb von Naßwald liegenden Quellen in diesem Quellwasserspeicher gesammelt werden, was ohne weiteres durch Gravitation möglich wäre.

Um diesen Quellsee vor den nicht bedeutenden, aber doch unangenehmen Hochwässern des Preinbaches zu schützen, soll derselbe durch einen 2 km langen Stollen oberhalb des Quellsees zur Schwarza abgeleitet werden. Dieser Stollen würde 80 m über der Schwarza bei Schwarzau ausmünden, so daß dort für diese Gemeinde ein E-Werk errichtet werden könnte.

Aber auch an der übrigen Strecke der Ersten Hochquellenleitung ist die Kraftwirtschaft beteiligt. Derzeit besteht ein kleines Kraftwerk mit 75 PS, welches Naßwald mit Strom versorgt. Es besteht aber die Möglichkeit, durch Verlegung eines Rohrstranges im Stollen zwischen Hinternaßwald und dem Reithof 100 m Gefälle mit einer Wassermenge von 400 l/sec auszunutzen, also ein Kraftwerk für 400 PS zu errichten, wenn die Heufußwasserfassung durchgeführt ist. Die Maschinen hierfür sind in Wien im heutigen Kraftwerk am Hungerberg vorhanden. Dieses Kraftwerk geht in seiner Leistung immer mehr und mehr zurück, weil der Hungerbergbehälter immer weniger Wasser aus der Hochzone, also von der Zweiten Hochquellenleitung her, bekommt. Diese Maschinen sollen im Kraftwerk Naßwald zum Einbau kommen. Damit könnte die ganze Gegend von Schwarzau im Gebirge mit Strom versorgt werden.

Auf der Strecke nach Wien besitzt der Leitungskanal der Ersten Wiener Hochquellenleitung aber noch einige andere ausbauwürdige Gefällsstufen, so z. B. an der Stelle, wo der Stollen das Höllental bei Hirschwang verläßt. Die Forstverwaltung der Gemeinde Wien in Hirschwang besitzt ein Sägewerk, das wegen des dauernden Strommangels nicht sehr leistungsfähig ist, obwohl es maschinell gut eingerichtet ist. In Hirschwang besteht auf einer verhältnismäßig kurzen Strecke ein Gefälle von 13 m, so daß bei einer Wassermenge von 1 m^3 130 PS ausgebaut werden können, welche in erster Linie dem Betrieb dieses Sägewerkes dienen sollen. Ähnlich liegen die Verhältnisse bei Ternitz. Auch dort wäre ein eigenes kleines E-Werk von 120 PS zweckmäßig, welches eine unabhängige Stromquelle für das Pumpwerk in Pottschach liefern könnte. Die Wirtschaftlichkeit dieser Werke muß erst näher untersucht werden. Ebenso bleibt noch zu untersuchen, ob eine Gefällsstufe in der Höhe von Sankt Egyden von 50 m, allerdings auf einer Länge von 7 km, ausbauwürdig ist. Dieses Werk würde ein frostsicheres und wenig schwankendes Werk mit immerhin 1200 PS darstellen. Schließlich sei in diesem Zusammenhang noch das Edelspeicherwerk auf der Bodenwiese erwähnt, ein Bauvorhaben der

Wiener Elektrizitätswerke. Es wäre durchaus denkbar, daß in Verbindung mit diesem der Schwarzauer Speicher doch notwendig wird, wo dann Kraftwirtschaft und Wasserversorgungswirtschaft gekoppelt werden müßten.

An der Zweiten Wiener Hochquellenleitung ist folgendes geplant oder teilweise schon im Bau (Abb. 6):

Es wurde schon ausgeführt, daß die Zweite Wiener Hochquellenleitung darunter leidet, daß sie wohl immer im Sommer in normalen Jahren ganz voll rinnt, aber noch im vorigen Winter eine Fehlmenge von 60 000 m^3/Tag aufgewiesen hat, also eine empfindliche Fehlmenge, denn sie beträgt 20% des Tagesverbrauches von Wien, was auch im Winter schwer ins Gewicht fällt. Damit ist aber nicht nur ein Ausfall an Wasser, sondern auch ein Ausfall an elektrischer Energie im Wasserleitungskraftwerk in Gaming verbunden, welches dann von 5000 PS auf 3500 PS zurückgeht.

Es sind durch Neufassungen und Pumpwerke im vergangenen Jahr für den Abbau dieses Winterminimums bereits 30 000 m^3/Tag gewonnen worden. Es fehlen also noch 30 000 m^3/Tag. Für diesen Zweck hat die Stadt Wien den Brunnsee erworben, der ähnlich wie seinerzeit die Siebenseen einen Quellsee darstellt. Die Fassung dieses Quellsees stellt eine sehr umfangreiche Arbeit dar, die erst in Angriff genommen werden kann, wenn die Lage auf dem Arbeitsmarkt, auf dem Maschinenmarkt und in der Beschaffung von großkalibrigen Rohren sich gebessert hat. Es werden dort rund 400 l/sec durch elektrische Pumpen rund 30 m hoch in die Zweite Hochquellenleitung gehoben werden müssen. Damit wird es dann nicht mehr möglich sein, daß bei der Zweiten Hochquellenleitung im Winter Fehlmengen auftreten werden. Die Energien, die für die Pumparbeiten dieser Nachfassungen aufzu-

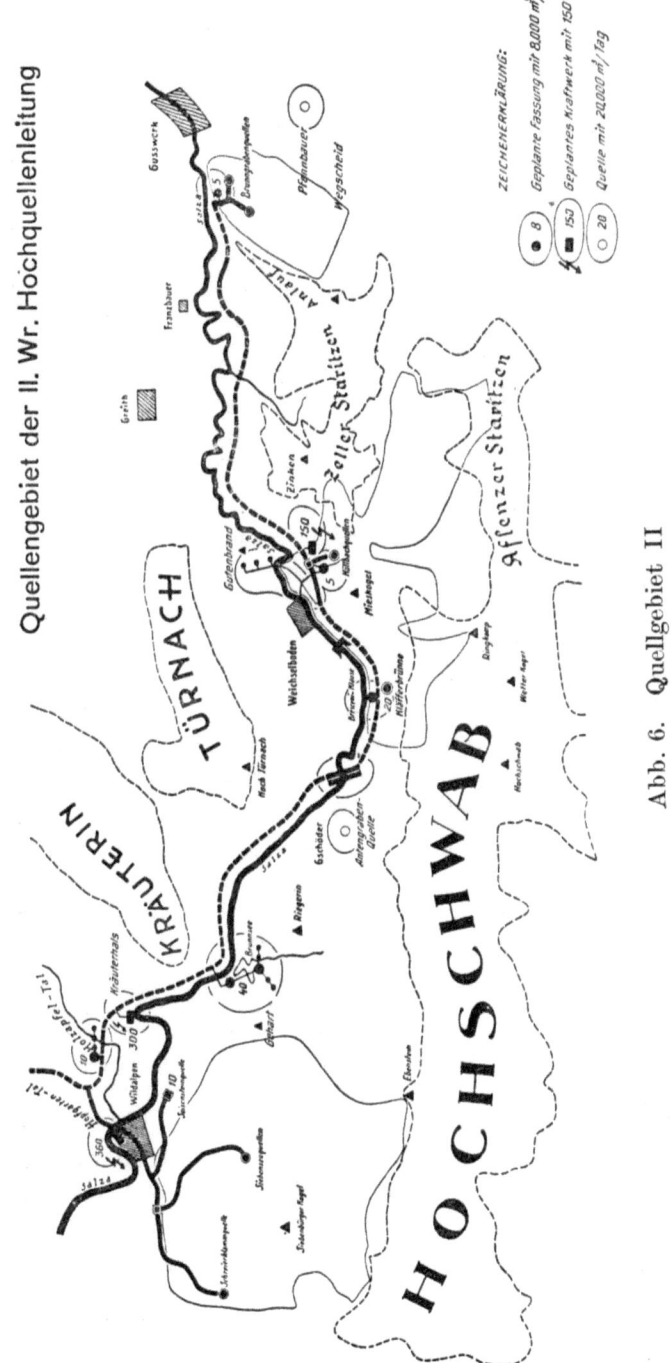

Abb. 6. Quellgebiet II

wenden sind, werden im Kraftwerk Gaming in der rund fünffachen Menge wiedergewonnen, so daß nicht nur Wasser, sondern auch elektrischer Strom durch diese Nachfassungen für Wien gewonnen wird. Ferner haben Messungen, die von den Wasserwerken im Vorjahr durchgeführt wurden, ergeben, daß der Leitungskanal zwischen Wildalpen und Gaming um 200 l/sec mehr Wasser zu führen imstande ist, als er nach der bisherigen wasserrechtlichen Bewilligung führt, daß außerdem die Turbine in Gaming diese 200 l/sec noch zusätzlich schlucken und verarbeiten kann und damit täglich 6000 kWh mehr erzeugt werden könnten. Es wurde daher um die wasserrechtliche Bewilligung angesucht, den Ableitungskonsens von rund 2300 l/sec auf 2500 l/sec bis Gaming zu erhöhen; diese Bewilligung wurde bereits auf Grund des durchgeführten wasserrechtlichen Verfahrens am 10. November 1947 erteilt. Diese einfache Maßnahme, die keinerlei bauliche Aufwendungen erfordert, bedeutet eine Mehrlieferung von 2 500 000 kWh (= 2500 t Kohle) im Jahre nach Wien. Die Mehrwassermenge von 200 l/sec kann leider nicht nach Wien geleitet werden, da der Kanal von Scheibbs nach Wien diese Menge nicht mehr fassen kann, weil seine Kapazität erschöpft ist. Diese Wassermenge wird es aber ermöglichen, daß auch Gaming, Neustift und Scheibbs von der Zweiten Hochquellenleitung aus versorgt werden. Es wird auf diese Strecke also auch die Zweite Hochquellenleitung als Gruppenwasserversorgung wirken.

Durch die Wasserführungsmessungen im Hochquellenkanal im Quellengebiet hat sich weiters ergeben, daß der Kanal zwischen der Kläfferquelle und Wildalpen rund 2500 l/sec zu führen imstande ist. Er führt aber heute nur 1500 l/sec, weil für die Wasserversorgung nicht mehr benötigt wird. Im Sommer geben aber die Quellen genügend

Wasser, daß durch etwa 200 Tage anstatt 1500 eben 2500 l/sec zur Verfügung stehen. Beim Kräuterhals nächst Wildalpen verläßt die Hochquellenleitung in einer Höhe von rund 30 m über der Salza das Salzatal; wenn man dort die 1000 l/sec in die Salza abläßt, könnte an dieser Stelle ein Kraftwerk mit 300 PS errichtet werden. Schließlich sind auch im Siebenseegebiet im Sommer Überschußwassermengen vorhanden, die heute ungenutzt abgehen. Es sind derart im Sommer rund 450 l/sec vorhanden, die aus rund 70 m Höhe der Salza über ein Kraftwerk zugeleitet werden könnten, daher ein Kraftwerk von rund 350 PS mit einer Jahresleistung (Sommer über) von 1 200 000 kWh ergeben. Für dieses Kraftwerk werden die Maschinen des sogenannten Wienfluß-Kraftwerkes verwendet, die für diese Anlage genau passen und früher das Überschußwasser der Zweiten Hochquellenleitung in Wien durch Abgabe in den Wienfluß in Baumgarten verarbeitet haben. Nachdem Wien über keine Überschußwassermengen mehr verfügt, ist es zum Erliegen gekommen. Diese Maschinen werden schon im Sommer 1948 in Wildalpen eingebaut sein. Die wasserrechtliche Verhandlung ist durchgeführt, mit den Bauarbeiten wurde bereits begonnen.

Zu erwähnen ist noch, daß außerdem in Weichselboden zu einem wirtschaftlich besseren Zeitpunkt die Ausnutzung einer Gefällsstufe im Stollen zwischen Brunngraben und Weichselboden von 50 m und einer Wassermenge von 300 l/sec in einem Kraftwerk von 150 PS geplant ist, das nicht nur dem Ort Weichselboden, sondern auch den Pumpwerken für die Kläffer-Tiefquellenfassung und den Quellennachfassungen in Weichselboden und schließlich einem leistungsfähigen Sägebetrieb zugute kommen soll. Es wird dann nicht mehr Rundholz die Salza abwärts geflößt werden, sondern bereits geschnittenes Holzmaterial aus dieser holzreichen Gegend. abgeführt werden können.

Schließlich sei noch erwähnt, daß die E-Werke noch den Ausbau einer weiteren Stufe der Zweiten Hochquellenleitung unterhalb Gaming planen, deren Ausbau hoffentlich auch nicht mehr lange auf sich warten lassen wird. Dort sollen 3000 l/sec auf 30 m Höhe in einem Kraftwerk von rund 1000 PS verarbeitet werden. Auch dieses neue Kraftwerk wird in der Lage sein, Strom nach Wien zu senden. Diese neuen Kraftwerke sind deswegen wirtschaftlich, weil bereits Teilanlagen nicht nur auf der Wasserseite, sondern auch auf der Starkstromseite vorhanden sind. Schließlich werden im Quellgebiet der Zweiten Hochquellenleitung sieben Kraftwerke vorhanden sein, die zusammenarbeiten, ihren Strom über Göstling nach Opponitz schicken und in Gaming zwei Kraftwerke, die nach Gresten speisen werden, wo der Anschluß an die Hochspannungsleitung Opponitz—Wien vorhanden ist.

Wie werden sich die Verhältnisse in Wien selbst für die Zukunft gestalten? Es werden sich unter dem Gesichtswinkel des zukünftigen Ausbaues große Verschiebungen in der Wasserverteilung ergeben (siehe Abb. 7). Heute reicht das Wasser der ersten Hochquellenleitung für die tiefgelegenen Gebiete Wiens nicht aus und es muß daher Wasser von der Zweiten Hochquellenleitung, das in Wien sehr hoch ankommt, zusätzlich für die tiefliegenden Gebiete zugesetzt werden. Dies wird sich in der Zukunft ändern. Es wird ja der Stadtgürtel, der sich an den Wienerwald im Westen und Norden anschließt, und der Wienerberg, also die höhergelegenen Gebiete, sich weiter mit gesunden Siedlungen, mit Erholungsstätten, Spitälern, Kleingartenanlagen usw. immer dichter besiedeln. Daher wird in diesen Gebieten der Wasserverbrauch bedeutend ansteigen, die bestehenden Großvertei-

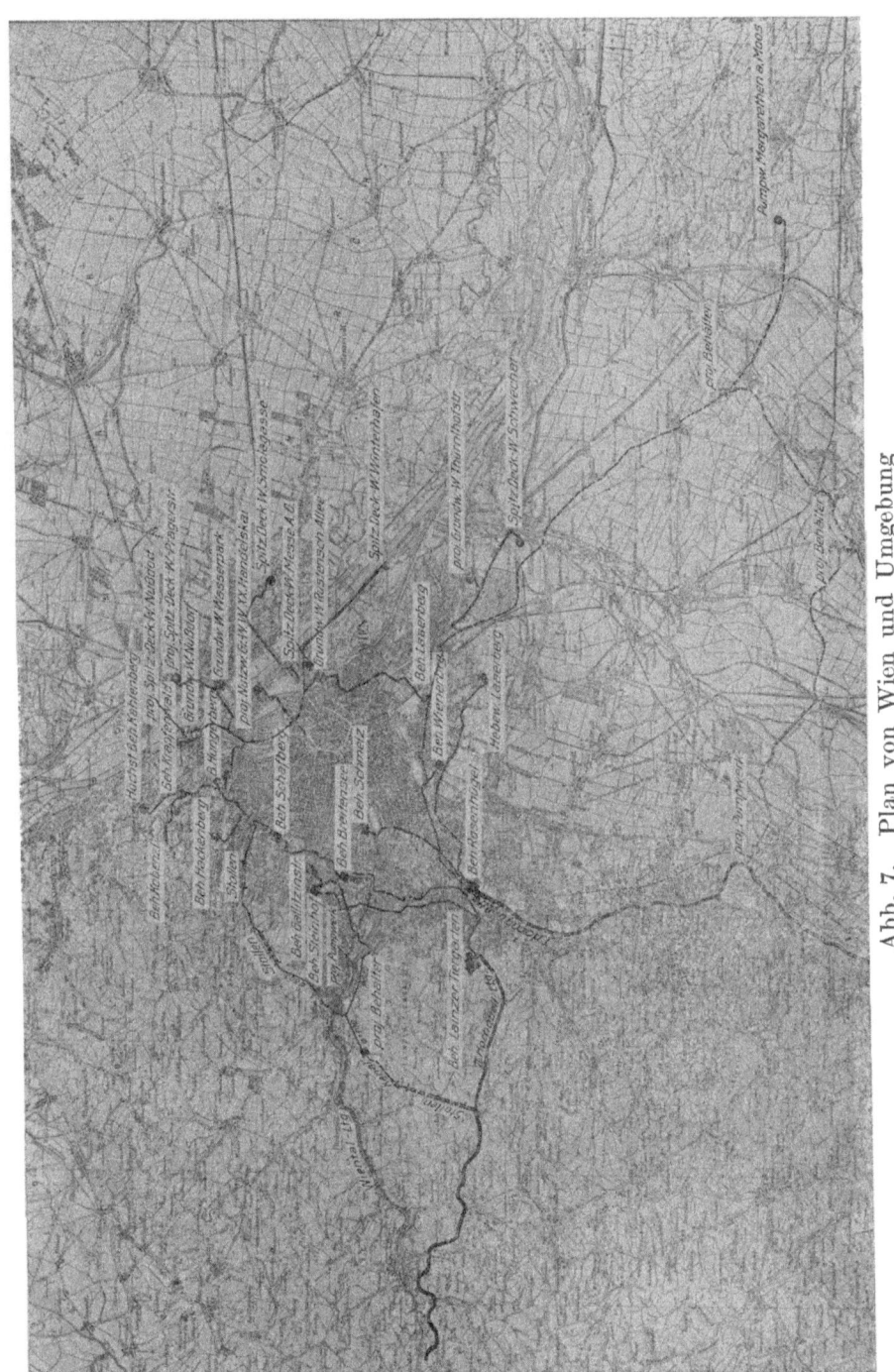

Abb. 7. Plan von Wien und Umgebung

lungsrohrstränge werden sehr bald nicht mehr ausreichen, weiterhin das Wasser dorthin zuzuführen. Das Wasser der Zweiten Hochquellenleitung aber, das heute noch für die tiefergelegenen Gebiete verwendet wird, wird dann diesen hochgelegenen Gebieten zugeführt werden müssen. Es ist daher eine Großverteilungsleitung geplant, die zwischen Laab am Walde und Wolfsgraben als Stollen und Hangkanal von der Zweiten Hochquellenleitung abzweigt, den Tiergarten durchfährt, dann als ⌀-800-Rohrstrang weiterführt, bei Weidlingau-Hadersdorf das Wiental überquert, das Haltertal gewinnt, zum Schottenhof hinaufführt und diesen Rücken mit einem Stollen unterfährt, nach Neuwaldegg, Amundsenstraße, weiter den Michaelerberg unterfahrend bei Pötzleinsdorf ausmündet, schließlich in Gersthof sich mit dem bestehenden Hauptstrang verbindet. Ein zweiter ⌀-800-Hauptrohrstrang soll vom Ende der durch den Tiergarten führenden Kanalstrecke abzweigen und führt zum Behälter Steinhof, wodurch für die heute bestehende einzige Hauptanspeiseleitung für dieses Gebiet eine wichtige Reserveleitung geschaffen werden soll. Das dadurch den tiefergelegenen Gebieten entzogene Wasser soll eben durch das an der Ersten Hochquellenleitung zusätzlich gewonnene Wasser ersetzt werden. Hand in Hand mit diesen Maßnahmen müssen natürlich auch Behältervergrößerungen vor sich gehen, und zwar bei den Behältern Laaerberg, Schmelz und Steinhof und auch beim Behälter der Übergangskammer in Mauer. Die bereits erwähnten Spitzendeckungswerke in Wien, die ja alle in den tiefgelegenen Gebieten liegen, werden ebenfalls, insbesondere im Sommer, zur Bedarfsdeckung herangezogen werden.

Es ist ferner geplant, die Wientalwasserleitung als Nutzwasserleitung weiter auszubauen; hierfür sollen die rund 800 000 m^3 fassenden Rückhaltbecken des Wienflusses in Hütteldorf herangezogen werden. Es hat sich herausgestellt, daß sie ihren Zwecken seit ihrem 50jährigen Bestande kaum einmal gedient haben. Es ist gedacht, sie nicht nur zu Zwecken des Hochwasserschutzes, sondern auch zur Nutzwasserversorgung heranzuziehen.

Schließlich soll noch das Nutzwassernetz durch ein neues leistungsfähiges Grundwasserwerk vom Handelskai her, den Nord- und Nordwestbahnhof einbindend, über die Augartenbrücke zum Ring angespeist werden. Es wird dann möglich sein, insbesondere die Parkanlagen und Denkmalbrunnen der Ringstraße, der Inneren Stadt und anderer Bezirke wieder durch Wasser zu beleben. Es muß auch das Ziel verfolgt werden, die Wientalwasserleitung, die ja einer belgischen Gesellschaft gehört, endlich in den Besitz der Stadt Wien zu bringen, weil dadurch die Wasserwirtschaft ganz anders betrieben werden kann.

Es muß in diesem Zusammenhang auch noch die Triestingtaler Wasserleitung erwähnt werden. Wenn einmal die Grenzen von Wien eindeutig festgelegt werden, muß darangeschritten werden, daß jene Gebiete von Wien, die heute von der Triestingtaler Wasserleitung versorgt werden, von den Wiener Wasserwerken übernommen werden und so eine einheitliche Wasserversorgung der Wiener Bevölkerung Platz greift.

Zum Schluß noch einige Ausblicke auf die fernere Zukunft. Es ist klar, daß die Entwicklung in der Wasserversorgung nicht stehenbleiben wird. Der Wasserverbrauch wird weiter steigen und es ergibt sich die Frage, in welcher Richtung sich der Ausbau bewegen soll (Abb. 1).

Vor allem muß die Frage, ob der Bau einer Dritten Hochquellenleitung notwendig oder möglich ist, einer eingehenden Betrachtung unterzogen werden. Hierbei ergibt sich vorerst die Frage, ob in der näheren oder weiteren Umgebung Wiens überhaupt noch entsprechende größere Mengen Hochquellenwasser dauernd, d. h. auch bei großer Trockenheit und starken Frösten, vorhanden sind. Die bisher angestellten überschlägigen Untersuchungen haben ergeben, daß dies unter bestimmten Voraussetzungen nur noch im Quellengebiet und längs der Zweiten Wiener Hochquellenleitung der Fall ist. Aber auch hier ist eine Menge von schätzungsweise 180 000 m³/Tag nur unter Einbeziehung von Speichern, etwa der Lunzer Seen, und Errichtung eines zusätzlichen künstlichen Stausees in Rothmoos bei Weichselboden und von Speichern in den Schluchten der Erlauf möglich.

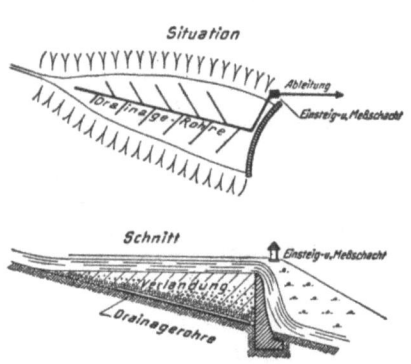

Abb. 8. Schottersperre

In diesem Zusammenhang sei kurz darauf hingewiesen, daß hierbei teilweise an eine neuartige Wassergewinnung aus Schottersperren gedacht wird (siehe Abb. 8). Als Vorarbeit soll eine solche Schottersperre kleinen Ausmaßes bei der Heufußfassung im Quellgebiet der Ersten Hochquellenleitung errichtet werden und dabei sollen auf Grund von bakteriologischen Untersuchungen in unseren Laboratorien in Naßwald Erfahrungen gesammelt werden, die von großem Wert für die zukünftige Entwicklung werden dürften.

Die Dritte Hochquellenleitung wäre also eine Leitung, die ungefähr dieselbe Trasse wie die Zweite Wiener Hochquellenleitung hätte. Eine solche Dritte Hochquellenleitung hätte den ungeheuren Vorteil, daß sie für die beiden bestehenden Leitungen eine Reserve darstellen würde und daß die bestehenden Leitungen leichter einer gründlichen Instandsetzung unterworfen werden könnten als bisher. Ein solches Bauwerk würde nach dem heutigen Geldwert etwa eine Milliarde Schilling kosten. Die Zeit für die Errichtung eines solchen Bauwerkes vom Beginn der Projektierung bis zur Vollendung beträgt mehr als zehn Jahre.

Eine andere Möglichkeit für den Ausbau der Wiener Wasserversorgung besteht aber in der Ausnutzung des bei Moosbrunn und St. Margarethen am Moos gelegenen reichen Grundwasservorkommens, das es ermöglichen würde, etwa 100 000 m^3/Tag für die Wiener Wasserversorgung heranzuziehen (siehe Abb. 7). Dieses Werk würde zwei Zuleitungen von je 20 km Länge erfordern. Das Wasser muß dauernd durch Pumpen gehoben werden. Die Kosten würden nach dem heutigen Geldwert schätzungsweise 200 Millionen Schilling betragen. Ein solches Werk würde den Ausfall der Ersten Wiener Hochquellenleitung im Falle notwendiger Reparaturen zu 75% und den Ausfall der Zweiten Wiener Hochquellenleitung zu 50% decken.

Bei der Errichtung des Projektes Moosbrunn würde sich die Wasserverteilung weiter verschieben, und zwar derart, daß ein Teil der Ersten Wiener Hochquellenleitung durch das bestehende Zentralhebewerk am Rosenhügel höhergelegenen Gebieten zusätzlich zugeführt werden müßte. Moosbrunn würde also hauptsächlich die tiefstgelegenen Gebiete von Wien versorgen. Ein Hauptzuleitungsrohrstrang würde bei Schwechat Wien erreichen, ein zweiter Hauptzuleitungsrohrstrang würde nach Mödling führen und in die Erste Wiener Hochquellenleitung münden.

Zusammenfassend ergibt sich demnach folgendes Bild:

1. Es muß vor allem alles geschehen, um die bestehende Wasserversorgung dahin zu reorganisie-

ren, daß in Hinkunft alle Wasserleitungseinrichtungen in Ordnung gehalten und Wasserverluste ausgeschlossen werden.

2. Die Tarifpolitik und das Wasserversorgungsgesetz muß Wege gehen, die nicht einer Wasserverschwendung Vorschub leisten.

3. Die Planung für den Ausbau hat einzusetzen, wobei

    a) die Erfassung und wasserrechtliche Sicherstellung der notwendigen einwandfreien Quellen- und Grundwasservorkommen schon jetzt für die Zukunft zu erfolgen hat;

    b) Maßnahmen durchzuführen sind, um die Leistung der bestehenden beiden Hochquellenleitungen zu steigern, die Grundwasserwerke und die Nutzwasserleitung weiter auszubauen;

    c) die Errichtung des Grundwasserwerkes in Moosbrunn wasserrechtlich und baulich so weit vorzutreiben ist, daß mit dem Bau im Jahre 1955 begonnen werden kann;

    d) für den Bau einer Dritten Hochquellenleitung im Gebiete und längs der Zweiten Wiener Hochquellenleitung ein generelles Projekt bis zum Jahre 1955 zu entwerfen ist.

Die Gemeinde Wien steht somit vor großen Aufgaben, die vielfach das Beschreiten ganz neuer Wege erfordern wird. Aber bei der Durchführung dieser Aufgaben werden alle daran Beteiligten vor allem eine Verpflichtung haben:

Die weltberühmte Wasserversorgung Wiens auch für die Zukunft auf den Stand zu bringen und zu halten, der ihrer ruhmreichen Tradition würdig ist.

MIX
Papier aus verantwortungsvollen Quellen
Paper from responsible sources
FSC® C105338

If you have any concerns about our products,
you can contact us on
ProductSafety@springernature.com

In case Publisher is established outside the EU,
the EU authorized representative is:
**Springer Nature Customer Service Center GmbH
Europaplatz 3, 69115 Heidelberg, Germany**

Printed by Libri Plureos GmbH
in Hamburg, Germany